住房和城乡建设部标准定额研究所　　　　建设工程造价技术资料

市政工程消耗量

ZYA 1−31−2021

第十一册　措施项目

SHIZHENG GONGCHENG XIAOHAOLIANG
DI-SHIYI CE CUOSHI XIANGMU

中国计划出版社
北　京

图书在版编目（CIP）数据

市政工程消耗量 : ZYA1-31-2021. 第十一册，措施项目 / 住房和城乡建设部标准定额研究所组织编制. -- 北京 : 中国计划出版社，2022.2
ISBN 978-7-5182-1379-5

Ⅰ. ①市… Ⅱ. ①住… Ⅲ. ①市政工程－消耗定额－中国 Ⅳ. ①TU723.34

中国版本图书馆CIP数据核字(2021)第248505号

责任编辑：陈 飞　　封面设计：韩可斌
责任校对：杨奇志 谭佳艺　　责任印制：李 晨 赵文斌

中国计划出版社出版发行
网址：www.jhpress.com
地址：北京市西城区木樨地北里甲11号国宏大厦C座3层
邮政编码：100038　电话：（010）63906433（发行部）
北京市科星印刷有限责任公司印刷

880mm×1230mm　1/16　4.5印张　117千字
2022年2月第1版　2022年2月第1次印刷

定价：30.00元

前　言

工程造价是工程建设管理的重要内容。以人工、材料、机械消耗量分析为基础进行工程计价，是确定和控制工程造价的重要手段之一，也是基于成本的通用计价方法。长期以来，我国建立了以施工阶段为重点，涵盖房屋建筑、市政工程、轨道交通工程等各个专业的计价体系，为确定和控制工程造价、提高我国工程建设的投资效益发挥了重要作用。

随着我国工程建设技术的发展，新的工程技术、工艺、材料和设备不断涌现和应用，落后的工艺、材料、设备和施工组织方式不断被淘汰，工程建设中的人材机消耗量也随之发生变化。2020 年我部办公厅发布《工程造价改革工作方案》（建办标〔2020〕38 号），要求加快转变政府职能，优化概算定额、估算指标编制发布和动态管理，取消最高投标限价按定额计价的规定，逐步停止发布预算定额。为做好改革期间的过渡衔接，在住房和城乡建设部标准定额司的指导下，我所根据工程造价改革的精神，协调 2015 年版《房屋建筑与装饰工程消耗量定额》《市政工程消耗量定额》《通用安装工程消耗量定额》的部分主编单位、参编单位以及全国有关造价管理机构和专家，按照简明适用、动态调整的原则，对上述专业的消耗量定额进行了修订，形成了新的《房屋建筑与装饰工程消耗量》《市政工程消耗量》《通用安装工程消耗量》，由我所以技术资料形式印刷出版，供社会参考使用。

本次经过修订的各专业消耗量，是完成一定计量单位的分部分项工程人工、材料和机械用量，是一段时间内工程建设生产效率社会平均水平的反映。因每个工程项目情况不同，其设计方案、施工队伍、实际的市场信息、招投标竞争程度等内外条件各不相同，工程造价应当在本地区、企业实际人材机消耗量和市场价格的基础上，结合竞争规则、竞争激烈程度等参考选用与合理调整，不应机械地套用。使用本书消耗量造成的任何造价偏差由当事人自行负责。

本次修订中，各主编单位、参编单位、编制人员和审查人员付出了大量心血，在此一并表示感谢。由于水平所限，本书难免有所疏漏，执行中遇到的问题和反馈意见请及时联系主编单位。

住房和城乡建设部标准定额研究所

2021 年 11 月

（2）水增加 0.38m^3/10m^3。

（3）双锥反转出料混凝土搅拌机（500L）增加 0.3 台班 /10m^3。

6. 本消耗量中所使用的砂浆均按干混预拌砂浆编制，若实际使用现拌砂浆或湿拌预拌砂浆时，按以下方法调整：

（1）使用现拌砂浆的，除将干混预拌砂浆调换为现拌砂浆外，砌筑项目按每立方米砂浆增加：一般技工 0.382 工日、200L 灰浆搅拌机 0.167 台班，同时，扣除原干混砂浆罐式搅拌机台班；其余项目按每立方米砂浆增加一般技工 0.382 工日，同时，将原干混砂浆罐式搅拌机调换为 200L 灰浆搅拌机，台班含量不变。

（2）使用湿拌预拌砂浆的，除将干混预拌砂浆调换为湿拌预拌砂浆外，另按相应项目中每立方米砂浆扣除人工 0.20 工日，并扣除干混砂浆罐式搅拌机台班数量。

7. 本消耗量中的周转性材料按不同施工方法，不同类别、材质，计算出一次摊销量进入消耗量。

8. 本消耗量中的用量少、低值易耗的零星材料，列为其他材料。

八、关于机械：

1. 本消耗量中的机械按常用机械、合理机械配备和施工企业的机械化装备程度，并结合工程实际综合确定。

2. 本消耗量的机械台班用量是按正常机械施工工效并考虑机械幅度差综合取定的。

3. 凡单位价值 2 000 元以内、使用年限在一年以内的不构成固定资产的施工机械，不列入机械台班消耗量，作为工具用具在建筑安装工程费中的企业管理费考虑，其消耗的燃料动力等列入材料。

九、本消耗量中的工作内容已说明了主要的施工工序，次要工序虽未说明，但已包括在内。

十、施工与生产同时进行、在有害身体健康的环境中施工时的降效增加费，本消耗量未考虑，发生时另行计算。

十一、本消耗量适用于海拔 2 000m 以下地区，超过上述情况时，可以采用由各地区、部门结合高原地区的特殊情况自行制定的调整办法。

十二、本消耗量中注有“× × 以内”或“× × 以下”及“小于”者，均包括 × × 本身；注有“× × 以外”或“× × 以上”及“大于”者，则不包括 × × 本身。

说明中未注明（或省略）尺寸单位的宽度、厚度、断面等，均以“mm”为单位。

十三、凡本说明未尽事宜，详见各册、各章说明和附录。

册 说 明

一、第十一册《措施项目》(以下简称本册)包括打拔工具桩,围堰工程,支撑工程,脚手架工程,施工排水、降水,便道及栈桥,大型机械设备安拆及场外运输费,共七章。

二、本册编制依据:

1.《市政工程工程量计算规范》GB 50857—2013;

2.《市政工程消耗量定额》ZYA 1-31-2015;

3. 相关省、市、行业现行的市政预算定额及基础资料。

三、本册说明未尽事宜,详见各章节说明。

目　录

第一章　打拔工具桩

说明 ……………………………………………（3）
工程量计算规则 ……………………………（4）
一、竖、拆简易打拔桩架 ……………………（5）
二、陆上卷扬机打拔圆木桩 …………………（5）
三、陆上卷扬机打拔槽型钢板桩 ……………（6）
四、陆上挖掘机打拔槽型钢板桩 ……………（7）
五、陆上液压打桩机打拔拉森钢板桩 ………（8）
六、水上卷扬机打拔圆木桩 …………………（9）
七、水上卷扬机打拔槽型钢板桩 ……………（10）
八、水上液压打桩机打拔拉森钢板桩 ………（11）

第二章　围 堰 工 程

说明 ……………………………………………（15）
工程量计算规则 ……………………………（16）
一、土草围堰 …………………………………（17）
二、土石混合围堰 ……………………………（18）
三、圆木桩围堰 ………………………………（19）
四、钢桩围堰 …………………………………（20）
五、钢板桩围堰 ………………………………（20）
六、双层竹笼围堰 ……………………………（21）
七、筑岛填心 …………………………………（21）

第三章　支 撑 工 程

说明 ……………………………………………（25）
工程量计算规则 ……………………………（26）
一、木挡土板 …………………………………（27）
二、竹挡土板 …………………………………（28）
三、钢制挡土板 ………………………………（29）
四、钢制桩挡土板支撑安装及拆除 …………（29）
五、大型基坑支撑安装及拆除 ………………（30）

第四章　脚手架工程

说明 ……………………………………………（33）
工程量计算规则 ……………………………（34）
一、井字架 ……………………………………（35）
二、脚手架 ……………………………………（36）
三、浇混凝土用仓面脚手架 …………………（37）

第五章　施工排水、降水

说明 ……………………………………………（41）
工程量计算规则 ……………………………（42）
一、成井 ………………………………………（43）
二、排水、降水 ………………………………（45）

第六章　便道及栈桥

说明 ……………………………………………（49）
工程量计算规则 ……………………………（50）
一、临时施工便道 ……………………………（51）
二、临时施工栈桥 ……………………………（52）

第七章　大型机械设备安拆及场外运输费

说明 ……………………………………………（55）
工程量计算规则 ……………………………（56）
一、大型机械设备安拆费 ……………………（57）
二、大型机械场外运输费 ……………………（58）

第一章　打拔工具桩

说　　明

一、本章适用于市政各专业册的打、拔工具桩。

二、消耗量中所指的水上作业是以距岸线 1.5m 以外或者水深在 2m 以上的打拔桩。距岸线 1.5m 以内时，水深在 1m 以内的，按陆上作业考虑；如水深在 1m 以上 2m 以内，其工程量则按水、陆各 50% 计算。

三、水上打拔工具桩按两艘驳船捆扎成船台作业，驳船捆扎和拆除费用执行第三册《桥涵工程》相应项目。

四、打拔工具桩均以直桩为准，如遇打斜桩（斜度≤ 1∶6，包括俯打、仰打），按相应项目人工、机械乘以系数 1.35。

五、桩及导桩夹木的制作、安装、拆除已包含在相应消耗量中。

六、圆木桩按疏打计算，钢板桩按密打计算，如钢板桩需要疏打时，执行相应项目，人工乘以系数 1.05。

七、打拔桩架 90° 调面及超运距移动已综合考虑。

八、竖、拆柴油打桩机架费用另行计算。

九、钢板桩和木桩的防腐费用等已包含在其他材料费用中。

十、打桩根据桩入土深度不同和土壤类别所占比例，分别执行相应项目。

十一、水上打拔工具桩如发生水上短驳，则另行计算其短驳费。

十二、打拔钢板桩（槽型、拉森钢板桩），仅考虑打、拔费用，未包含钢板桩的使用费，其使用费另计。

工程量计算规则

一、圆木桩按设计桩长（检尺长）*L* 和圆木桩小头直径（检尺径）*D* 查《木材 · 立木材积速算表》以体积计算。

二、打、拔槽型钢板桩或拉森钢板桩按设计图示数量或施工组织设计数量以质量计算。

三、凡打断、打弯的桩，均需拔出重打，但不重复计算工程量。

四、如需计算竖、拆打拔桩架费用，竖、拆打拔桩架次数按施工组织设计规定计算。如无规定，则按打桩的进行方向，双排桩每 100 延长米、单排桩每 200 延长米计算一次，不足一次者均各计算一次。

一、竖、拆简易打拔桩架

工作内容：准备工作，安、拆桩架及配套机具，打、拔缆风桩，铺走道板，埋、拆地垄。　**计量单位：**架次

编号				11-1-1	11-1-2
项目				竖、拆卷扬机打桩架	竖、拆卷扬机拔桩架
名称			单位	消耗量	
人工	合计工日		工日	16.139	23.920
	其中	普工	工日	6.917	10.252
		一般技工	工日	9.222	13.668
材料	槽钢（综合）		t	0.003	—
	原木		m^3	0.153	0.090
	板枋材		m^3	0.189	0.069
	其他材料费		%	2.00	2.00
机械	电动单筒慢速卷扬机　10kN		台班	1.203	—
	电动单筒慢速卷扬机　30kN		台班	—	1.982
	汽车式起重机　8t		台班	1.203	1.982

二、陆上卷扬机打拔圆木桩

工作内容：准备工作，木桩制作，打桩，安、拆夹木，桩架调面，移动，打、拔缆风桩，埋、拆地垄，清场、整堆。

计量单位：$10m^3$

编号				11-1-3	11-1-4	11-1-5	11-1-6
项目				打　5m以内		打　8m以内	
				一、二类土	三类土	一、二类土	三类土
名称			单位	消耗量			
人工	合计工日		工日	28.943	36.622	21.442	27.383
	其中	普工	工日	12.405	15.696	9.190	11.736
		一般技工	工日	16.538	20.926	12.252	15.647
材料	原木		m^3	0.702	1.053	0.702	1.053
	板枋材		m^3	0.150	0.150	0.074	0.074
	桩靴		kg	—	34.970	—	17.430
	其他材料费		%	2.00	2.00	2.00	2.00
机械	简易打桩架		台班	3.300	4.418	2.387	3.265

工作内容：准备工作，拔桩，桩架调面，移动，灌砂，清场、整堆。 **计量单位：**10m³

编号				11-1-7	11-1-8	11-1-9	11-1-10
项目				拔 5m 以内		拔 8m 以内	
				一、二类土	三类土	一、二类土	三类土
名称			单位	消耗量			
人工	合计工日		工日	21.520	28.893	15.950	21.150
	其中	普工	工日	9.223	12.384	6.836	9.065
		一般技工	工日	12.297	16.509	9.114	12.085
材料	板枋材		m^3	0.254	0.254	0.126	0.126
	砂子(中粗砂)		m^3	6.500	6.500	6.500	6.500
	其他材料费		%	2.00	2.00	2.00	2.00
机械	简易拔桩架		台班	1.863	2.653	1.286	1.837

三、陆上卷扬机打拔槽型钢板桩

工作内容：准备工作，打桩，桩架调面，移动，打、拔缆风桩，埋、拆地垄，清场、整堆。 **计量单位：**10t

编号				11-1-11	11-1-12	11-1-13	11-1-14
项目				打 8m 以内		打 12m 以内	
				一、二类土	三类土	一、二类土	三类土
名称			单位	消耗量			
人工	合计工日		工日	12.897	16.408	11.578	14.609
	其中	普工	工日	5.527	7.032	4.963	6.261
		一般技工	工日	7.370	9.376	6.615	8.348
材料	钢板桩		kg	100.000	100.000	100.000	100.000
	板枋材		m^3	0.051	0.051	0.031	0.031
	其他材料费		%	1.50	1.50	1.50	1.50
机械	简易打桩架		台班	1.384	1.925	1.189	1.659

工作内容：准备工作，拔桩，桩架调面，移动，灌砂，清场、整堆。　　　**计量单位**：10t

编号				11-1-15	11-1-16	11-1-17	11-1-18
项目				拔 8m 以内		拔 12m 以内	
				一、二类土	三类土	一、二类土	三类土
名称			单位	消耗量			
人工	合计工日		工日	13.893	17.934	12.059	15.397
	其中	普工	工日	5.954	7.686	5.168	6.600
		一般技工	工日	7.939	10.248	6.891	8.797
材料	板枋材		m^3	0.052	0.052	0.031	0.031
	砂子（中粗砂）		m^3	1.894	1.894	1.894	1.894
	其他材料费		%	1.50	1.50	1.50	1.50
机械	简易拔桩架		台班	1.020	1.455	0.825	1.189

四、陆上挖掘机打拔槽型钢板桩

工作内容：准备工作，打桩，移动，打、拔缆风桩，埋、拆地垄，拔桩，清场、整堆。　　　**计量单位**：10t

编号				11-1-19	11-1-20	11-1-21	11-1-22
项目				打 6m 以内		拔 6m 以内	
				一、二类土	三类土	一、二类土	三类土
名称			单位	消耗量			
人工	合计工日		工日	4.018	5.023	2.009	2.508
	其中	普工	工日	1.205	1.507	0.603	0.752
		一般技工	工日	2.813	3.516	1.406	1.756
材料	钢板桩		kg	100.000	100.000	—	—
	其他材料费		%	2.00	2.00	—	—
机械	履带式单斗液压挖掘机 $1m^3$		台班	0.520	0.650	0.520	0.650
	载重汽车 8t		台班	0.443	0.443	—	—
	汽车式起重机 8t		台班	0.247	0.247	—	—

五、陆上液压打桩机打拔拉森钢板桩

工作内容：准备工作，打桩，移动，打、拔缆风桩，埋、拆地垄，清场、整堆。　　　　**计量单位：**10t

编号				11-1-23	11-1-24	11-1-25	11-1-26	11-1-27	11-1-28
项目				打 8m 以内		打 12m 以内		打 12m 以上	
				一、二类土	三类土	一、二类土	三类土	一、二类土	三类土
名称			单位	消耗量					
人工	合计工日		工日	2.674	3.120	2.385	2.862	2.060	2.529
	其中	普工	工日	0.802	0.936	0.715	0.859	0.618	0.759
		一般技工	工日	1.872	2.184	1.670	2.003	1.442	1.770
材料	钢板桩		kg	100.000	100.000	100.000	100.000	100.000	100.000
	其他材料费		%	2.00	2.00	2.00	2.00	2.00	2.00
机械	履带式液压挖掘机带打拔桩机振动锤 BY-VH350		台班	1.030	1.260	—	—	—	—
	履带式液压挖掘机带打拔桩机振动锤 BY-VH400		台班	—	—	0.662	0.776	—	—
	履带式液压挖掘机带打拔桩机振动锤 BY-VH450		台班	—	—	—	—	0.427	0.482

工作内容：准备工作，拔桩，移动，灌砂，清场、整堆。　　　　**计量单位：**10t

编号				11-1-29	11-1-30	11-1-31	11-1-32	11-1-33	11-1-34
项目				拔 8m 以内		拔 12m 以内		拔 12m 以上	
				一、二类土	三类土	一、二类土	三类土	一、二类土	三类土
名称			单位	消耗量					
人工	合计工日		工日	2.542	2.927	2.264	2.719	1.956	2.403
	其中	普工	工日	0.762	0.878	0.679	0.816	0.587	0.721
		一般技工	工日	1.780	2.049	1.585	1.903	1.369	1.682
材料	砂子（中粗砂）		m^3	1.834	1.834	1.834	1.834	1.834	1.834
	其他材料费		%	2.00	2.00	2.00	2.00	2.00	2.00
机械	履带式液压挖掘机带打拔桩机振动锤 BY-VH350		台班	0.970	1.197	—	—	—	—
	履带式液压挖掘机带打拔桩机振动锤 BY-VH400		台班	—	—	0.621	0.738	—	—
	履带式液压挖掘机带打拔桩机振动锤 BY-VH450		台班	—	—	—	—	0.408	0.458

六、水上卷扬机打拔圆木桩

工作内容：准备工作，木桩制作，打桩，船排固定、移动，清场、整堆。　　**计量单位：**$10m^3$

编　　号				11-1-35	11-1-36	11-1-37	11-1-38
项　　目				打 5m 以内		打 8m 以内	
				一、二类土	三类土	一、二类土	三类土
名　　称			单位	消　耗　量			
人工	合计工日		工日	25.339	34.899	15.414	21.296
	其中	普工	工日	10.860	14.958	6.606	9.128
		一般技工	工日	14.479	19.941	8.808	12.168
材料	原木		m^3	0.702	1.053	0.702	1.053
	桩靴		kg	—	34.970	—	17.430
	其他材料费		%	2.00	2.00	2.00	2.00
机械	驳船 30t		台班	6.885	9.848	4.152	5.944
	简易打桩架		台班	3.442	4.924	2.076	2.972

工作内容：准备工作，拔桩，桩架调面，移动。　　**计量单位：**$10m^3$

编　　号				11-1-39	11-1-40	11-1-41	11-1-42
项　　目				拔 5m 以内		拔 8m 以内	
				一、二类土	三类土	一、二类土	三类土
名　　称			单位	消　耗　量			
人工	合计工日		工日	21.448	29.694	13.451	19.043
	其中	普工	工日	9.193	12.727	5.765	8.162
		一般技工	工日	12.255	16.967	7.686	10.881
机械	驳船 30t		台班	4.720	6.725	2.946	4.188
	简易打桩架		台班	2.360	3.363	1.473	2.094

七、水上卷扬机打拔槽型钢板桩

工作内容: 准备工作,打桩,船排固定、移动,清场、整堆。 **计量单位:** 10t

编号				11-1-43	11-1-44	11-1-45	11-1-46	11-1-47	11-1-48
项目				打 8m 以内		打 12m 以内		打 12m 以上	
				一、二类土	三类土	一、二类土	三类土	一、二类土	三类土
名称			单位	消耗量					
人工	合计工日		工日	9.573	13.465	8.177	11.474	7.133	9.946
	其中	普工	工日	4.103	5.771	3.504	4.918	3.057	4.263
		一般技工	工日	5.470	7.694	4.673	6.556	4.076	5.683
材料	钢板桩		kg	100.000	100.000	100.000	100.000	100.000	100.000
	其他材料费		%	1.50	1.50	1.50	1.50	1.50	1.50
机械	驳船 30t		台班	2.875	4.117	2.431	3.478	2.147	2.999
	简易打桩架		台班	1.437	2.058	1.215	1.739	1.074	1.499

工作内容: 准备工作,拔桩,船排固定,清场、整堆。 **计量单位:** 10t

编号				11-1-49	11-1-50	11-1-51	11-1-52	11-1-53	11-1-54
项目				拔 8m 以内		拔 12m 以内		拔 12m 以上	
				一、二类土	三类土	一、二类土	三类土	一、二类土	三类土
名称			单位	消耗量					
人工	合计工日		工日	8.958	12.559	7.327	10.209	6.166	8.599
	其中	普工	工日	3.839	5.383	3.140	4.375	2.643	3.686
		一般技工	工日	5.119	7.176	4.187	5.834	3.523	4.913
机械	驳船 30t		台班	1.881	2.679	1.508	2.147	1.260	1.792
	简易打桩架		台班	0.940	1.340	0.754	1.074	0.630	0.896

八、水上液压打桩机打拔拉森钢板桩

工作内容：准备工作，船排固定，移动，打桩，清场、整堆。　　**计量单位：**10t

编号			11-1-55	11-1-56	11-1-57	11-1-58	11-1-59	11-1-60
项目			打 8m 以内		打 12m 以内		打 12m 以上	
			一、二类土	三类土	一、二类土	三类土	一、二类土	三类土
名称		单位	消耗量					
人工	合计工日	工日	2.234	2.606	1.992	2.390	1.721	2.113
	其中 普工	工日	0.670	0.782	0.598	0.717	0.516	0.634
	其中 一般技工	工日	1.564	1.824	1.394	1.673	1.205	1.479
材料	钢板桩	kg	100.000	100.000	100.000	100.000	100.000	100.000
	其他材料费	%	2.00	2.00	2.00	2.00	2.00	2.00
机械	履带式液压挖掘机带打拔桩机振动锤 BY-VH350	台班	1.133	1.386	—	—	—	—
	履带式液压挖掘机带打拔桩机振动锤 BY-VH400	台班	—	—	0.728	0.854	—	—
	履带式液压挖掘机带打拔桩机振动锤 BY-VH450	台班	—	—	—	—	0.470	0.530
	驳船 30t	台班	1.863	2.555	1.562	2.236	1.402	1.987

工作内容：准备工作，拔桩，船排固定，清场、整堆。　　**计量单位：**10t

编号			11-1-61	11-1-62	11-1-63	11-1-64	11-1-65	11-1-66
项目			拔 8m 以内		拔 12m 以内		拔 12m 以上	
			一、二类土	三类土	一、二类土	三类土	一、二类土	三类土
名称		单位	消耗量					
人工	合计工日	工日	2.123	2.445	1.892	2.271	1.634	2.008
	其中 普工	工日	0.637	0.733	0.567	0.681	0.490	0.602
	其中 一般技工	工日	1.486	1.712	1.325	1.590	1.144	1.406
机械	履带式液压挖掘机带打拔桩机振动锤 BY-VH350	台班	1.067	1.317	—	—	—	—
	履带式液压挖掘机带打拔桩机振动锤 BY-VH400	台班	—	—	0.683	0.812	—	—
	履带式液压挖掘机带打拔桩机振动锤 BY-VH450	台班	—	—	—	—	0.449	0.504

第二章　围 堰 工 程

说　明

一、本章适用于人工筑、拆的围堰项目。

二、本章围堰消耗量未包括施工期内发生潮汛冲刷后所需的养护工料。潮汛养护工料另行计算。如遇特大潮汛发生人力所不能抗拒的损失时，应根据实际情况另行处理。

三、围堰工程50m范围以内取土、砂、砂砾，均不计土方和砂、砂砾的材料价格。取50m范围以外的土、砂、砂砾，应计算土方和砂、砂砾材料的挖、运或外购费用，但应扣除消耗量中土方现场挖运黏土的人工20.192工日/100m^3。消耗量括号中所列黏土数量为取自然土方数量，结算中可按取土的实际情况调整。

四、本章围堰消耗量中的各种木桩、钢桩的打、拔均执行本册第一章“打拔工具桩”相应项目，数量按实际计算。消耗量括号中所列打拔工具桩数量仅供参考。

五、草袋围堰如使用麻袋、尼龙袋装土围筑，应根据麻袋、尼龙袋的规格调整材料的用量，但人工、机械应按消耗量规定执行。

六、围堰施工中若未使用驳船，而是搭设了栈桥，则应扣除消耗量中驳船费用执行相应项目。

七、围堰尺寸的取定：

1. 土草围堰的堰顶宽为1~2m，堰高为4m以内；
2. 土石混合围堰的堰顶宽为2m，堰高为6m以内；
3. 圆木桩围堰的堰顶宽为2~2.5m，堰高为5m以内；
4. 钢桩围堰的堰顶宽为2.5~3m，堰高为6m以内；
5. 钢板桩围堰的堰顶宽为2.5~3m，堰高为6m以内；
6. 竹笼围堰竹笼间黏土填心的宽度为2~2.5m，堰高为5m以内。

八、筑岛填心项目是指围堰围成的区域内填土、砂及砂砾石。

九、双层竹笼围堰竹笼间黏土填心的宽度超过2.5m时，超出部分执行筑岛填心项目。

十、施工围堰的尺寸按有关设计施工规范确定。堰内坡脚至堰内基坑边缘距离根据河床土质及基坑深度确定，但不得小于1m。

工程量计算规则

一、围堰工程分别按体积和长度计算。

二、以体积计算的围堰，工程量按围堰的施工断面乘以围堰中心线的长度计算。

三、以长度计算的围堰，工程量按围堰中心线的长度计算。

四、围堰高度按施工期内的最高临水面加 0.5m 计算。

一、土 草 围 堰

工作内容：清理基底，50m 以内的取、装、运土，草袋装土、封包运输，堆筑、填土夯实，拆除清理。

计量单位：$100m^3$

编　号				11-2-1	11-2-2
项　目				筑土围堰	草袋围堰
名　称			单位	消　耗　量	
人工	合计工日		工日	66.650	106.404
	其中	普工	工日	46.655	74.483
		一般技工	工日	19.995	31.921
材料	黏土		m^3	(121.000)	(93.000)
	草袋		个	—	1 926.000
	麻绳		kg	—	10.200
机械	夯实机电动　20~62N·m		台班	2.333	2.333
	驳船　50t		台班	2.010	2.010

二、土石混合围堰

工作内容：1. 过水土、石围堰：清理基底，50m以内取土，块石抛填，浇捣溢流面混凝土，不包括拆除清理。

2. 不过水土、石围堰：清理基底，50m以内取土，块石抛填，干砌、堆筑，拆除清理。

计量单位：$100m^3$

编号				11-2-3	11-2-4
项目				过水土、石围堰	不过水土、石围堰
名称			单位	消耗量	
人工	合计工日		工日	72.333	101.772
	其中	普工	工日	50.633	71.241
		一般技工	工日	21.700	30.531
材料	黏土		m^3	(41.660)	(40.070)
	块石 200~500		t	76.960	132.660
	碎石 20		m^3	17.490	—
	混凝土 C20		m^3	(16.820)	—
	板枋材		m^3	0.065	—
	原木		m^3	0.092	—
	砂砾 5~12		m^3	—	14.940
	圆钉		kg	6.180	—
	水		m^3	3.690	—
	电		kW·h	9.859	—
	其他材料费		%	0.50	1.50
机械	载重汽车 8t		台班	0.154	—
	夯实机电动 20~62N·m		台班	0.923	0.745
	驳船 50t		台班	0.940	1.880
	木工圆锯机 500mm		台班	0.035	—

三、圆木桩围堰

工作内容：安挡土篱笆、挂草帘、铁丝固定木桩，50m以内取土、夯填，拆除清理。

计量单位：10延长米堰体

编　号				11-2-5	11-2-6	11-2-7
项　目				双排圆木桩围堰（高度m以内）		
				3	4	5
名　称			单位	消　耗　量		
人工	合计工日		工日	49.495	89.314	118.736
	其中	普工	工日	34.647	62.520	83.115
		一般技工	工日	14.848	26.794	35.621
材料	黏土		m^3	（63.180）	（105.300）	（131.630）
	圆木桩		m^3	（5.130）	（6.930）	（8.860）
	竹篱片		m^2	61.800	82.480	103.100
	草袋		m^2	63.000	83.360	104.200
	镀锌铁丝 φ4.0		kg	24.150	28.620	28.620
	其他材料费		%	2.00	2.00	2.00
机械	夯实机电动 20~62N·m		台班	1.402	2.333	2.919
	驳船 50t		台班	1.130	1.880	2.340

四、钢 桩 围 堰

工作内容：安挡土篱笆、挂草帘、铁丝固定，50m以内取土、夯填，拆除清理。 **计量单位：**10延长米堰体

编号				11-2-8	11-2-9	11-2-10
项目				双排钢桩围堰（高度m以内）		
				4	5	6
名称			单位	消耗量		
人工	合计工日		工日	89.671	116.661	174.696
	其中	普工	工日	62.770	81.662	122.287
		一般技工	工日	26.901	34.999	52.409
材料	工字钢（综合）		t	（7.776）	（9.504）	（10.370）
	黏土		m^3	（105.300）	（131.630）	（189.540）
	竹篱片		m^2	82.480	103.100	123.720
	草袋		m^2	83.360	104.200	125.040
	镀锌铁丝 ϕ4.0		kg	28.360	28.360	28.360
	其他材料费		%	2.00	2.00	2.00
机械	夯实机电动 20~62N·m		台班	2.333	2.919	4.205
	驳船 50t		台班	1.880	2.340	3.380

五、钢板桩围堰

工作内容：50m以内取土、夯填，压草袋，拆除清理。 **计量单位：**10延长米堰体

编号				11-2-11	11-2-12	11-2-13
项目				双排钢板桩围堰（高度m以内）		
				4	5	6
名称			单位	消耗量		
人工	合计工日		工日	80.101	110.177	165.820
	其中	普工	工日	56.070	77.123	116.074
		一般技工	工日	24.031	33.054	49.746
材料	钢板桩		t	（20.671）	（25.261）	（27.557）
	黏土		m^3	（103.080）	（128.580）	（185.000）
	草袋		个	167.000	209.000	301.000
	其他材料费		%	2.00	2.00	2.00
机械	夯实机电动 20~62N·m		台班	2.333	2.919	4.205
	驳船 50t		台班	1.880	2.340	3.380

六、双层竹笼围堰

工作内容：选料、破竹、编竹笼、笼内填石，安放，笼间填筑，50m 以内取土、夯填，拆除清理。

计量单位：10 延长米堰体

编　　号				11-2-14	11-2-15	11-2-16
项　　目				双层竹笼围堰（高度 m 以内）		
				3	4	5
名　　称			单位	消　耗　量		
人工	合计工日		工日	102.949	167.708	229.718
	其中	普工	工日	72.065	117.395	160.803
		一般技工	工日	30.884	50.313	68.915
材料	黏土		m^3	（72.660）	（121.100）	（151.370）
	毛竹		根	105.000	140.000	176.000
	块石 200~500		t	139.360	185.810	232.250
	镀锌铁丝 ϕ2.8		kg	21.650	32.480	43.300
	其他材料费		%	1.00	1.00	1.00
机械	驳船 50t		台班	1.250	1.850	2.300

七、筑 岛 填 心

工作内容：50m 以内取土，运砂，填筑，夯实，拆除清理。

计量单位：$100m^3$

编　　号				11-2-17	11-2-18	11-2-19	11-2-20	11-2-21	11-2-22
项　　目				填土		填砂		填砂砾石	
				夯填	松填	夯填	松填	夯填	松填
名　　称			单位	消　耗　量					
人工	合计工日		工日	68.378	57.332	41.686	32.186	61.128	43.449
	其中	普工	工日	47.865	40.132	29.180	22.530	42.790	30.414
		一般技工	工日	20.513	17.200	12.506	9.656	18.338	13.035
材料	黏土		m^3	（105.000）	（90.000）	—	—	—	—
	砂子（中粗砂）		m^3	—	—	119.476	92.727	—	—
	砂砾石		t	—	—	—	—	165.100	132.600
机械	夯实机电动 20~62N·m		台班	2.333	—	2.333	—	2.333	—
	驳船 50t		台班	2.250	1.910	2.810	2.250	2.700	2.250

第三章　支 撑 工 程

说　　明

一、本章适用于沟槽、基坑、工作坑、检查井及大型基坑的支撑。

二、挡土板间距不同时，不做调整。

三、除槽钢挡土板外，本章消耗量均按横板、竖撑计算；如采用竖板、横撑时，其人工工日乘以系数1.20。

四、消耗量中挡土板支撑按槽坑两侧同时支撑挡土板考虑，支撑面积为两侧挡土板面积之和，支撑宽度为4.1m以内。槽坑宽度超过4.1m时，其两侧均按一侧支挡土板考虑，按槽坑一侧支撑挡土板面积计算时，工日数乘以系数1.33，除挡土板外，其他材料乘以系数2.00。

五、放坡开挖不得再计算挡土板，如遇上层放坡、下层支撑，则按实际支撑面积计算。

六、钢桩挡土板中的槽钢桩按设计数量以质量计算，执行本册第一章“打拔工具桩”相应项目。

七、如采用井字支撑时，按疏撑乘以系数0.61。

工程量计算规则

一、大型基坑支撑安装及拆除工程量按设计质量计算，其余支撑工程按施工组织设计确定的支撑面积计算。

二、大型基坑支撑使用费 = 设计使用量 × 使用天数 × 使用费标准 [元 /（t · d）]。

大型基坑支撑的使用费标准由各地区、部门自行制订调整办法。

一、木 挡 土 板

工作内容：制作、运输、安装、拆除，堆放指定地点。　　　　**计量单位：**$100m^2$

编　号				11-3-1	11-3-2	11-3-3	11-3-4
项　目				密挡土板		疏挡土板	
				木支撑	钢支撑	木支撑	钢支撑
名　称			单位	消　耗　量			
人工	合计工日		工日	14.921	11.350	11.594	8.831
	其中	普工	工日	5.968	4.540	4.637	3.533
		一般技工	工日	8.953	6.810	6.957	5.298
材料	原木		m^3	0.226	—	0.226	—
	板枋材		m^3	0.065	0.060	0.051	0.049
	木挡土板		m^3	0.395	0.395	0.240	0.237
	钢套管（综合）		kg	—	15.613	—	15.613
	铁撑脚		kg	—	19.301	—	19.301
	标准砖 240×115×53		千块	—	—	0.188	0.188
	铁丝 $\phi 3.5$		kg	7.200	7.200	7.200	7.200
	扒钉		kg	9.140	9.140	9.140	9.140

二、竹挡土板

工作内容：制作、运输、安装、拆除，堆放指定地点。

计量单位：100m²

编号				11-3-5	11-3-6	11-3-7	11-3-8
项目				密挡土板		疏挡土板	
				木支撑	钢支撑	木支撑	钢支撑
名称			单位	消耗量			
人工	合计工日		工日	15.328	11.638	11.926	9.123
	其中	普工	工日	6.131	4.655	4.771	3.650
		一般技工	工日	9.197	6.983	7.155	5.473
材料	原木		m^3	0.226	—	0.226	—
	板枋材		m^3	0.064	0.060	0.064	0.060
	竹挡土板		m^2	5.155	5.155	3.866	3.866
	钢套管（综合）		kg	—	15.613	—	15.613
	铁撑脚		kg	—	19.301	—	19.301
	标准砖 240×115×53		千块	—	—	0.131	0.131
	铁丝 ϕ3.5		kg	7.200	7.200	7.200	7.200
	扒钉		kg	9.140	9.140	9.140	9.140

三、钢制挡土板

工作内容：运输、安装、拆除，堆放指定地点。　　**计量单位：**$100m^2$

编号				11-3-9	11-3-10	11-3-11	11-3-12
项目				密挡土板		疏挡土板	
				木支撑	钢支撑	木支撑	钢支撑
名称			单位	消耗量			
人工	合计工日		工日	15.226	11.731	11.930	9.118
	其中	普工	工日	6.090	4.692	4.772	3.648
		一般技工	工日	9.136	7.039	7.158	5.470
材料	原木		m^3	0.226	—	0.226	—
	板枋材		m^3	0.065	0.060	0.064	0.060
	钢挡土板		t	0.092	0.092	0.064	0.064
	钢套管（综合）		kg	—	15.613	—	15.613
	铁撑脚		kg	—	19.301	—	19.301
	标准砖 240×115×53		千块	—	—	0.160	0.160
	铁丝 ϕ3.5		kg	7.200	7.200	7.200	7.200
	扒钉		kg	9.140	9.140	9.140	9.140

四、钢制桩挡土板支撑安装及拆除

工作内容：制作、运输、安装、拆除，堆放指定地点。　　**计量单位：**$100m^2$

编号				11-3-13	11-3-14
项目				木支撑	钢支撑
名称			单位	消耗量	
人工	合计工日		工日	1.281	1.021
	其中	普工	工日	0.512	0.408
		一般技工	工日	0.769	0.613
材料	原木		m^3	0.097	—
	板枋材		m^3	0.034	0.032
	槽钢（综合）		t	0.030	0.030
	钢套管（综合）		kg	—	6.691
	铁撑脚		kg	—	8.272
	铁丝 ϕ3.5		kg	22.100	22.100
	扒钉		kg	3.920	3.920

五、大型基坑支撑安装及拆除

工作内容： 1. 安装：吊车配合、围令、支撑驳运卸车，定位放样，槽壁面凿出预埋件，钢牛腿焊接，支撑拼接、焊接安全栏杆、安装定位，活络接头固定。
2. 拆除：切割、吊出支撑分段，装车及堆放。

计量单位：t

编号				11-3-15	11-3-16	11-3-17	11-3-18
项目				大型支撑安装	大型支撑拆除	大型支撑安装	大型支撑拆除
				宽 15m 以内		宽 15m 以外	
名称			单位	消耗量			
人工	合计工日		工日	1.337	1.827	1.266	1.540
	其中	普工	工日	0.869	1.188	0.823	1.001
		一般技工	工日	0.334	0.456	0.316	0.385
		高级技工	工日	0.134	0.183	0.127	0.154
材料	钢支撑		t·月	(1.000)	—	(1.000)	—
	钢支撑		kg	10.000	—	10.000	—
	六角螺栓带螺母 M12×200		kg	2.550	—	2.140	—
	枕木		m^3	0.030	—	0.020	—
	中厚钢板(综合)		kg	7.890	—	4.750	—
	预埋铁件		kg	11.620	—	7.000	—
	低合金钢焊条 E43 系列		kg	1.090	—	0.660	—
	钢围檩		kg	5.250	—	3.180	—
	其他材料费		%	2.00	—	2.00	—
机械	履带式起重机 25t		台班	0.186	0.177	—	—
	履带式起重机 40t		台班	—	—	0.186	0.177
	载重汽车 8t		台班	0.027	0.027	0.027	0.027
	交流弧焊机 32kV·A		台班	0.172	0.064	0.100	0.036
	电动空气压缩机 $10m^3/min$		台班	0.030	0.030	0.170	0.020
	立式油压千斤顶 100t		台班	0.138	0.129	0.138	0.129

第四章　脚手架工程

说　明

一、本章中钢管脚手架已包括斜道及拐弯平台的搭设。

二、砌筑物高度超过 1.2m 时可计算脚手架搭拆费用。

三、仓面脚手架不包括斜道，若发生则另按《房屋建筑与装饰工程消耗量》TY 01-31-2021 相应项目计算，但采用溜槽、井字架或吊扒杆转运施工材料时，不再计算斜道费用。双层布筋或单层布筋在上部的顶板基础计算仓面脚手架；无筋或单层布筋在下部的不计算仓面脚手架。

工程量计算规则

一、脚手架工程量按墙面水平边线长度乘以墙面砌筑高度以面积计算。

二、柱形砌体按图示柱结构外围周长另加 3.6m 乘以砌筑高度以面积计算。

三、井字架区分材质和搭设高度按搭设数量计算。

四、浇混凝土用仓面脚手架按仓面的水平面积计算。

一、井 字 架

工作内容：木脚手杆安装、铺翻板子、拆除、堆放整齐、运输。 **计量单位：**座

编号			11-4-1	11-4-2	11-4-3	11-4-4	11-4-5
项目			木制井字架（井深 m 以内）				
			2	4	6	8	10
名称		单位	消耗量				
人工	合计工日	工日	0.661	1.316	1.674	2.671	3.278
	其中：普工	工日	0.264	0.526	0.669	1.068	1.311
	其中：一般技工	工日	0.397	0.790	1.005	1.603	1.967
材料	镀锌铁丝 ϕ3.5	kg	3.080	5.717	6.819	8.796	11.000
	木脚手杆	m^3	0.001	0.003	0.004	0.005	0.006
	木脚手板	m^3	0.002	0.002	0.002	0.002	0.002
	其他材料费	%	1.50	1.50	1.50	1.50	1.50
机械	载重汽车 8t	台班	0.002	0.003	0.004	0.004	0.004

工作内容：各种扣件安装、铺翻板子、拆除、运输。 **计量单位：**座

编号			11-4-6	11-4-7	11-4-8	11-4-9	11-4-10
项目			钢管井字架（井深 m 以内）				
			2	4	6	8	10
名称		单位	消耗量				
人工	合计工日	工日	0.693	1.355	2.040	2.709	3.395
	其中：普工	工日	0.277	0.542	0.816	1.083	1.358
	其中：一般技工	工日	0.416	0.813	1.224	1.626	2.037
材料	脚手架钢管	kg	0.350	0.571	0.938	1.244	1.550
	木脚手板	m^3	0.002	0.002	0.002	0.002	0.002
	扣件	个	0.114	0.123	0.144	0.180	0.354
	其他材料费	%	1.50	1.50	1.50	1.50	1.50
机械	载重汽车 8t	台班	0.002	0.003	0.004	0.004	0.004

二、脚 手 架

工作内容: 清理场地、搭脚手架、拆除、堆放、材料场内运输。 **计量单位:** 100m²

编号				11-4-11	11-4-12	11-4-13	11-4-14
项目				木脚手架(高度 m 以内)			
				单排		双排	
				4	8	4	8
名称			单位	消耗量			
人工	合计工日		工日	4.625	5.769	6.322	7.599
	其中	普工	工日	1.850	2.308	2.529	3.040
		一般技工	工日	2.775	3.461	3.793	4.559
材料	镀锌铁丝 ϕ4.0		kg	17.310	22.550	26.890	35.630
	镀锌铁丝 ϕ2.8~4.0		kg	4.070	2.460	4.070	2.460
	原木		m^3	0.025	0.053	0.027	0.057
	木脚手杆		m^3	0.082	0.145	0.135	0.191
	木脚手板		m^3	0.119	0.124	0.119	0.124
	其他材料费		%	1.50	1.50	1.50	1.50
机械	载重汽车 8t		台班	0.130	0.205	0.175	0.246

工作内容: 清理场地、搭脚手架、挂安全网,拆除、堆放、材料场内运输。 **计量单位:** 100m²

编号				11-4-15	11-4-16	11-4-17	11-4-18
项目				钢管脚手架(高度 m 以内)			
				单排		双排	
				4	8	4	8
名称			单位	消耗量			
人工	合计工日		工日	4.432	4.584	6.040	6.090
	其中	普工	工日	1.773	1.834	2.416	2.436
		一般技工	工日	2.659	2.750	3.624	3.654
材料	脚手架钢管 ϕ48		t	0.021	0.036	0.027	0.050
	扣件		个	2.190	4.390	3.200	6.480
	脚手架钢管底座		个	0.240	0.250	0.450	0.430
	竹脚手板		m^2	5.110	5.110	5.980	5.980
	安全网		m^2	2.680	1.380	2.680	1.380
	其他材料费		%	2.00	2.00	2.00	2.00

三、浇混凝土用仓面脚手架

工作内容：清理场地、搭脚手架、铺钉及翻转脚手板、拆除、堆放、材料场内运输。**计量单位：**$100m^2$ 仓面

编　号				11-4-19
项　目				支架高度 1.5m 以内
名　称			单位	消　耗　量
人工	合计工日		工日	4.450
	其中	普工	工日	1.780
		一般技工	工日	2.670
材料	原木		m^3	0.200
	木脚手板		m^3	0.160
	圆钉		kg	0.700
	铁件（综合）		kg	1.000
	其他材料费		%	2.00

第五章　施工排水、降水

说　明

一、轻型井点以 50 根为一套，喷射井点以 30 根为一套，使用时累计根数轻型井点少于 25 根，喷射井点少于 15 根，使用费按相应消耗量乘以系数 0.70。

二、井点（管）间距应根据地质条件和施工降水要求，按施工组织设计确定，施工组织设计未考虑时，可按轻型井点管距 1.2m、喷射井点管距 2.5m 确定。

三、直流深井降水成孔直径不同时，只调整相应的黄砂含量，其余不变；PVC-U 加筋管直径不同时，调整管材价格的同时，按管子周长的比例调整相应的密目网及铁丝。

四、排水井分集水井和无砂混凝土管井点两种。集水井项目按基坑内设置考虑，井深在 4m 以内，按本消耗量计算；如井深超过 4m，按比例调整。无砂混凝土管井点按井管直径分两种规格，抽水结束时回填大口井的人工和材料未包括在用量内，实际发生时应另行计算。

五、施工排水、降水的成井费用中，不包括出水连接管安拆费用，发生时按批准的施工组织设计另计。

工程量计算规则

一、轻型井点、喷射井点排水的井管安装、拆除以“根”为单位计算，使用以“套·d”计算；真空深井、自流深井排水的安装拆除以每口井“座”计算，使用以每口“座·d”计算。

二、使用天数以每昼夜（24h）为一天，并按施工组织设计要求的使用天数计算。

三、集水井按设计图示数量以“座”计算，无砂混凝土管井点按累计井深以长度计算。

一、成　　井

工作内容：1. 钻孔、造浆、压浆、安装井管、地面管线连接、装水泵、滤砂、孔口封土及拆管、清洗、整理等全部操作过程。

2. 槽坑排水，抽水机具的安装、移动、拆除。

编　　号				11-5-1	11-5-2	11-5-3	11-5-4
项　　目				轻型井点	喷射井点	真空深井降水 井管深（m） 19	真空深井降水 井管深（m） 每增减 1
				10 根		座	
名　　称			单位	消　耗　量			
人工	合计工日		工日	7.500	34.200	7.440	0.150
	其中	普工	工日	6.750	30.780	6.696	0.135
		一般技工	工日	0.750	3.420	0.744	0.015
材料	喷射器		个	—	0.056	—	—
	铝及铝合金法兰		副	—	0.013	—	—
	黄砂（毛砂）		t	4.720	26.430	7.070	0.800
	轻型井点总管 $D100$		m	0.010	—	—	—
	轻型井点井管 $D40$		m	0.210	—	—	—
	喷射井点总管 $D159$		m	—	0.046	—	—
	喷射井点井管 $D76$		m	—	0.540	—	—
	橡胶管 $D50$		m	1.700	—	—	—
	滤网管		根	—	0.042	—	—
	铝合金龙骨连接件		件	—	0.023	—	—
	水箱		kg	—	0.356	—	—
	镀锌钢管 $DN20$		m	—	0.500	—	—
	钢板井管		m	—	—	6.000	—
	黏土		m^3	—	—	0.140	0.014
	水		m^3	53.360	261.000	15.850	1.580
机械	履带式起重机　5t		台班	1.050	—	1.680	0.036
	履带式起重机　10t		台班	—	3.600	—	—
	污水泵　100mm		台班	0.570	5.360	—	—
	电动多级离心清水泵　150mm　180m 以下		台班	0.570	2.680	—	—
	电动空气压缩机　$6m^3/min$		台班	—	1.760	—	—
	工程地质液压钻机		台班	—	1.760	0.750	0.076
	潜水泵　100mm		台班	—	—	0.100	—
	电动双筒快速卷扬机　50kN		台班	—	—	1.330	—
	泥浆泵　100mm		台班	—	—	0.750	0.076
	排放泥浆设备		台班	—	—	1.410	0.142

工作内容: 1. 钻孔、造浆、压浆、安装井管、地面管线连接、装水泵、滤砂、孔口封土及拆管、清洗、整理等全部操作过程。

2. 槽坑排水,抽水机具的安装、移动、拆除。

		编　号		11-5-5	11-5-6	11-5-7	11-5-8	11-5-9	11-5-10
		项　目		直流深井降水(井管深)(钻孔 D800)		无砂混凝土管井点(钻孔直径)		集水井(井深 4m 以内)	
				20m	每增减 1m	50cm 以内	60cm 以内	干砖砌排水井	钢筋笼子排水井
				座		m		座	
		名　称	单位	消　耗　量					
人工		合计工日	工日	9.240	0.300	1.150	1.420	14.110	10.660
	其中	普工	工日	8.316	0.270	1.035	1.278	12.699	9.594
		一般技工	工日	0.924	0.030	0.115	0.142	1.411	1.066
材料		黄砂(毛砂)	t	16.000	0.800	—	—	—	—
		水	m^3	46.000	2.400	1.820	2.370	—	—
		黏土	m^3	0.580	0.029	—	—	—	—
		PVC-U 加筋管 DN400	m	21.000	1.050	—	—	—	—
		密目网	m^2	27.630	1.385	—	—	—	—
		镀锌铁丝(综合)	kg	13.500	0.660	—	—	—	—
		砂子	m^3	—	—	0.060	0.070	0.270	1.610
		板枋材(杉木)	m^3	—	—	0.002	0.002	0.131	—
		镀锌铁丝 ϕ4.0	kg	—	—	0.500	0.500	—	—
		镀锌铁丝 ϕ2.8	kg	—	—	0.250	0.300	—	0.300
		镀锌铁丝 ϕ0.7	kg	—	—	—	—	—	0.530
		石油沥青 10#	kg	—	—	0.220	0.220	—	—
		木柴	kg	—	—	0.100	0.100	—	—
		页岩砖 240×115×53	千块	—	—	—	—	1.160	—
		圆钉	kg	—	—	—	—	0.200	—
		石碴	t	—	—	0.280	0.330	1.501	8.823
		无砂管 D500	m	—	—	1.020	—	—	—
		树棕	kg	—	—	0.560	0.670	—	—
		铜芯塑料绝缘电线 BV-16mm^2	m	—	—	0.147	0.147	—	—
		钢丝绳 ϕ14.1~15.0	kg	—	—	0.005	0.005	—	—
		电闸箱	个	—	—	0.002	0.002	—	—
		无砂管 D600	m	—	—	—	1.020	—	—
		钢筋 ϕ10 以内	t	—	—	—	—	—	0.024
		钢筋 ϕ10 以外	t	—	—	—	—	—	0.051
		苇席	m^2	—	—	—	—	—	6.190
机械		回旋钻机 800mm	台班	1.768	0.088	0.058	0.075	—	—
		电动空气压缩机 10m^3/min	台班	0.800	—	—	—	—	—
		泥浆泵 100mm	台班	1.768	0.088	0.058	0.075	—	—
		电动夯实机 250N·m	台班	—	—	—	—	2.970	1.870
		履带式起重机 15t	台班	—	—	0.029	0.029	—	—
		振动平板夯 20kN	台班	—	—	—	—	0.050	0.302
		钢筋弯曲机 40mm	台班	—	—	—	—	—	0.020
		钢筋切断机 40mm	台班	—	—	—	—	—	0.020
		钢筋调直机 40mm	台班	—	—	—	—	—	0.020

二、排水、降水

工作内容：抽水、值班、降水设备维修等。

编号				11-5-11	11-5-12	11-5-13	11-5-14
项目				轻型井点	喷射井点	真空深井降水 井管深(m) 19	真空深井降水 井管深(m) 每增减 1
				套·d		座·d	
名称			单位	消耗量			
人工	合计工日		工日	0.900	4.500	—	—
	其中	普工	工日	0.810	2.700	—	—
		一般技工	工日	0.090	1.800	—	—
材料	喷射器		个	—	0.225	—	—
	铝及铝合金法兰		副	—	0.042	—	—
	轻型井点井管 *D*40		m	0.830	—	—	—
	轻型井点总管 *D*100		m	0.040	—	—	—
	喷射井点总管 *D*159		m	—	0.120	—	—
	喷射井点井管 *D*76		m	—	1.520	—	—
	滤网管		根	—	0.136	—	—
	铝合金龙骨连接件		件	—	0.075	—	—
	水箱		kg	—	1.120	—	—
	钢板井管		m	—	—	0.020	0.020
机械	射流井点泵 9.50m		台班	1.150	—	—	—
	电动多级离心清水泵 150mm 180m 以下		台班	—	1.110	—	—
	潜水泵 100mm		台班	—	—	1.160	—
	真空泵 660m^3/h		台班	—	—	0.750	—

工作内容：抽水、值班、降水设备维修等。 **计量单位：**座·d

编号				11-5-15	11-5-16	11-5-17
项目				直流深井降水（井管深 20m）（钻孔 *D*800）	无砂混凝土管井点	集水井
名称			单位	消耗量		
人工	合计工日		工日	0.100	0.300	0.300
	其中	普工	工日	0.040	0.120	0.120
		一般技工	工日	0.060	0.180	0.180
机械	潜水泵 50mm		台班	—	1.150	—
	潜水泵 100mm		台班	1.350	—	—
	电动多级离心清水泵 50mm		台班	—	—	1.150

第六章　便道及栈桥

说　　明

一、本章适用于市政工程施工现场临时便道铺筑和临时施工栈桥工程。

二、施工栈桥是为运输材料、设备、人员而修建的临时简易桥梁。按照贝雷片制作钢栈桥、水中基础进行编制，桥宽 4m，水深分为 3~10m 和 10m 以上。施工便桥是为社会车辆服务的，费用另计。

工程量计算规则

一、施工便道按设计图示尺寸面积乘以实铺厚度以体积计算。

二、施工便道基层执行第二册《道路工程》中道路基层相应项目。

三、施工栈桥按施工组织设计确定的钢便桥的长度计算。

一、临时施工便道

工作内容：湿润基础、配料、拌和、摊铺、找平、整型、材料运输碾压、养护。　　**计量单位：**$10m^3$

编　号				11-6-1	11-6-2
项　目				碎石路面	片石路面
名　称			单位	消耗量	
人工	合计工日		工日	0.839	0.208
	其中	普工	工日	0.302	0.075
		一般技工	工日	0.537	0.133
材料	碎石 50~80		m^3	13.260	—
	水		m^3	7.000	7.000
	毛石		m^3	—	13.260
机械	钢轮振动压路机 15t		台班	0.076	0.067
	履带式推土机 135kW		台班	0.018	0.025
	履带式单斗液压挖掘机 $1m^3$		台班	—	0.022
	洒水车 4 000L		台班	0.036	0.036

二、临时施工栈桥

工作内容:钢管桩制作、插打,桩间连系梁、分配梁、桥面板及栏杆等钢结构制作、安装、拆除,主桁及连接系贝雷片架构安装、拆除。

计量单位:延长米

编号				11-6-3	11-6-4	11-6-5
项目				栈桥		
				宽度 4m		宽度每增减 1m
				水深 3~10m	水深 10m 以上	
名称			单位	消耗量		
人工	合计工日		工日	20.966	23.937	3.025
	其中	普工	工日	6.290	7.181	0.908
		一般技工	工日	12.580	14.362	1.815
		高级技工	工日	2.096	2.394	0.302
材料	原木		m^3	0.012	0.012	0.002
	木材(成材)		m^3	0.071	0.072	0.010
	石油沥青		kg	6.175	9.257	1.039
	橡胶石棉板 δ3		kg	0.244	0.358	0.041
	型钢(综合)		t	0.862	1.051	0.129
	钢丝绳		kg	0.900	0.989	0.127
	焊接钢管(综合)		t	0.005	0.005	0.001
	木枕(Ⅱ类)		根	0.493	0.517	0.068
	贝雷片		t	0.202	0.202	—
	氧气		m^3	11.234	13.839	1.688
	乙炔气		kg	4.321	5.323	0.649
	六角螺栓带螺母(综合)		kg	15.022	16.587	2.127
	低碳钢焊条(综合)		kg	25.652	31.629	3.843
	其他材料费		%	1.50	1.50	1.50
机械	汽车式起重机 16t		台班	0.216	0.267	0.033
	履带式起重机 25t		台班	0.034	0.047	0.005
	门式起重机 30t		台班	0.127	0.167	0.022
	内燃拖轮 221kW		台班	0.012	0.018	0.002
	工程驳船 100t		台班	0.038	0.053	0.006
	工程驳船 400t		台班	0.046	0.064	0.007
	振动沉拔桩机 400kN		台班	0.034	0.047	0.005
	交流弧焊机 42kV·A		台班	2.751	3.377	0.412
	立式钻床 25mm		台班	0.367	0.390	0.051

第七章　大型机械设备安拆及场外运输费

说　明

一、大型机械设备安拆及进出场费是指机械整体或分体自停放场地运至施工现场或由一个施工地点运至另一个施工地点，所发生的机械进出场运输和转移费用，以及机械在施工现场进行安装、拆卸所需的人工费、材料费、机械费、试运转费和安装所需的辅助设施的费用。

二、大型机械设备安拆费：

1. 机械安拆费是安装、拆卸的一次性费用；

2. 机械安拆费中包括机械安装完毕后的试运转费用；

3. 柴油打桩机的安拆费中已包括轨道的安拆费用。

三、大型机械设备进出场费：

1. 进出场费中已包括往返一次的费用，其中回程费按单程运费的 25% 考虑；

2. 进出场费中已包括了臂杆、铲斗及附件、道木、道轨的运费；

3. 机械运输路途中的台班费不另计取。

四、大型机械设备现场的行驶路线需修整铺垫时，其人工修整可按实际计算。同一施工现场各建筑物之间的运输，按 100m 以内综合考虑，如转移距离超过 100m，在 300m 以内的，按相应场外运输费用乘以系数 0.30；在 500m 以内的，按相应场外运输费用乘以系数 0.60。使用道木铺垫按 15 次摊销，使用碎石零星铺垫按一次摊销。

工程量计算规则

一、大型机械设备安拆费按“台·次”计算。

二、大型机械设备进出场费按“台·次”计算。

一、大型机械设备安拆费

工作内容：机械运至现场后的安装、试转运、拆卸所需的人工、材料、机械费。　　**计量单位：**台·次

编　号				11-7-1	11-7-2
项　目				柴油打桩机安拆费	三轴搅拌桩机安拆费
名　称			单位	消　耗　量	
人工	合计工日		工日	40.000	40.000
	其中	普工	工日	12.000	12.000
		一般技工	工日	24.000	24.000
		高级技工	工日	4.000	4.000
材料	六角螺栓带螺母 M（6~12）×（12~50）		套	50.000	50.000
	镀锌铁丝（综合）		kg	5.000	20.000
机械	汽车式起重机 8t		台班	3.000	—
	履带式柴油打桩机 3.5t		台班	0.500	—
	三轴搅拌桩机 850mm		台班	—	0.500
	汽车式起重机 20t		台班	2.000	—
	汽车式起重机 25t		台班	—	5.000

工作内容：机械运至现场后的安装、试转运、拆卸所需的人工、材料、机械费。　　**计量单位：**台·次

编　号				11-7-3	11-7-4	11-7-5	11-7-6	11-7-7
项　目				静力压桩机安拆费				
				900kN 以内	1 200kN 以内	1 600kN 以内	4 000kN 以内	10 000kN 以内
名　称			单位	消　耗　量				
人工	合计工日		工日	24.000	36.000	48.000	50.000	52.000
	其中	普工	工日	7.200	10.800	14.400	15.000	15.600
		一般技工	工日	14.400	21.600	28.800	30.000	31.200
		高级技工	工日	2.400	3.600	4.800	5.000	5.200
材料	其他材料费（占机械费）		%	0.60	0.60	0.60	0.60	0.60
机械	静力压桩机 900kN		台班	0.500	—	—	—	—
	静力压桩机 1 200kN		台班	—	0.500	—	—	—
	静力压桩机 1 600kN		台班	—	—	0.500	—	—
	静力压桩机 4 000kN		台班	—	—	—	0.500	—
	静力压桩机 10 000kN		台班	—	—	—	—	0.500
	汽车式起重机 8t		台班	1.000	1.000	1.000	2.000	2.000
	汽车式起重机 20t		台班	2.000	3.000	4.000	4.000	5.000

二、大型机械场外运输费

工作内容：机械整体或分体自停放地点运至施工现场（或由一个工地运至另一工地）的运输、装卸、辅助材料费用。

计量单位：台·次

编号				11-7-8	11-7-9	11-7-10	11-7-11	11-7-12	11-7-13
项目				履带式挖掘机进出场费		履带式推土机进出场费		履带式起重机进出场费	
				$1m^3$ 以内	$1m^3$ 以外	90kW 以内	90kW 以外	30t 以内	50t 以内
名称			单位	消耗量					
人工	合计工日		工日	12.000	12.000	6.000	6.000	12.000	12.000
	其中	普工	工日	10.800	10.800	5.400	5.400	10.800	10.800
		一般技工	工日	1.200	1.200	0.600	0.600	1.200	1.200
材料	枕木		m^3	0.080	0.080	0.080	0.080	0.080	0.080
	镀锌铁丝（综合）		kg	5.000	10.000	5.000	5.000	5.000	5.000
	橡胶板 $\delta 2$		m^2	—	—	0.780	0.780	—	—
	草袋		m^2	6.380	9.580	6.380	6.380	12.760	12.760
机械	履带式单斗液压挖掘机 $1m^3$		台班	0.500	—	—	—	—	—
	履带式单斗液压挖掘机 $2m^3$		台班	—	0.500	—	—	—	—
	履带式推土机 90kW		台班	—	—	0.500	—	—	—
	履带式推土机 240kW		台班	—	—	—	0.500	—	—
	履带式起重机 30t		台班	—	—	—	—	0.500	—
	履带式起重机 50t		台班	—	—	—	—	—	0.500
	载重汽车 15t		台班	—	—	—	—	1.000	2.000
	平板拖车组 40t		台班	1.000	—	1.000	—	—	—
	平板拖车组 60t		台班	—	1.000	—	1.000	1.000	1.000
	回程费（占基价）		%	25.00	25.00	25.00	25.00	25.00	25.00

工作内容：机械整体或分体自停放地点运至施工现场（或由一个工地运至另一工地）的运输、装卸、辅助材料费用。

计量单位：台・次

编号				11-7-14	11-7-15	11-7-16	11-7-17	11-7-18	11-7-19
项目				强夯机械进出场费	柴油打桩机进出场费		压路机进出场费	锚杆钻孔机进出场费	沥青混凝土摊铺机进出场费
					5t以内	5t以外			
名称			单位	消耗量					
人工	合计工日		工日	6.000	12.000	12.000	5.000	12.000	8.000
	其中	普工	工日	5.400	10.800	10.800	4.500	10.800	7.200
		一般技工	工日	0.600	1.200	1.200	0.500	1.200	0.800
材料	枕木		m^3	0.080	—	—	0.080	—	0.080
	镀锌铁丝（综合）		kg	5.000	5.000	5.000	2.000	5.000	5.000
	草袋		m^2	12.760	12.760	12.760	6.380	12.760	12.760
机械	强夯机械 2 000kN・m		台班	0.500	—	—	—	—	—
	钢轮内燃压路机 12t		台班	—	—	—	0.500	—	—
	锚杆钻孔机 32mm		台班	—	—	—	—	0.500	—
	沥青混凝土摊铺机 15t		台班	—	—	—	—	—	0.500
	汽车式起重机 20t		台班	1.000	2.000	3.000	—	2.000	—
	载重汽车 8t		台班	2.000	2.000	2.000	—	1.000	—
	载重汽车 15t		台班	2.000	2.000	2.000	—	2.000	—
	平板拖车组 40t		台班	—	1.000	1.000	1.000	1.000	1.000
	平板拖车组 60t		台班	1.000	—	—	—	—	—
	回程费（占基价）		%	40.00	40.00	40.00	25.00	40.00	25.00

工作内容：机械整体或分体自停放地点运至施工现场（或由一个工地运至另一工地）的运输、装卸、辅助材料费用。

计量单位：台・次

编号				11-7-20	11-7-21	11-7-22	11-7-23	11-7-24
项目				静力压桩机进出场费				
				900kN以内	1 200kN以内	1 600kN以内	4 000kN以内	10 000kN以内
名称			单位	消耗量				
人工	合计工日		工日	24.000	24.000	36.000	36.000	36.000
	其中	普工	工日	21.600	21.600	32.400	32.400	32.400
		一般技工	工日	2.400	2.400	3.600	3.600	3.600
材料	镀锌铁丝（综合）		kg	5.000	5.000	5.000	5.000	5.000
	草袋		m^2	12.760	12.760	12.760	12.760	12.760
机械	汽车式起重机 20t		台班	2.000	2.000	3.000	3.000	4.000
	载重汽车 15t		台班	5.000	7.000	9.000	12.000	18.000
	平板拖车组 40t		台班	2.000	2.000	2.000	2.000	3.000
	回程费（占基价）		%	40.00	40.00	40.00	40.00	40.00

工作内容：机械整体或分体自停放地点运至施工现场（或由一个工地运至另一工地）的运输、装卸、辅助材料费用。

计量单位：台・次

编号				11-7-25	11-7-26	11-7-27
项目				履带式旋挖钻机进出场费	三轴搅拌桩机进出场费	履带式抓斗成槽机进出场费
名称			单位	消耗量		
人工	合计工日		工日	12.000	10.000	12.000
	其中	普工	工日	10.800	9.000	10.800
		一般技工	工日	1.200	1.000	1.200
材料	枕木		m^3	0.080	—	0.080
	镀锌铁丝（综合）		kg	5.000	5.000	5.000
	草袋		m^2	12.760	12.760	12.760
机械	履带式旋挖钻机 2 000mm		台班	0.500	—	—
	履带式抓斗成槽机 1 000mm		台班	—	—	0.500
	汽车式起重机 25t		台班	—	1.000	—
	载重汽车 10t		台班	—	5.000	—
	载重汽车 15t		台班	1.000	—	—
	平板拖车组 30t		台班	—	1.000	1.000
	平板拖车组 60t		台班	1.000	—	—
	回程费（占基价）		%	25.00	25.00	25.00

主编单位：湖北省建设工程标准定额管理总站

专业主编单位：湖北省建设工程标准定额管理总站

专业参编单位：中建三局基础设施建设投资有限公司

武汉市市政建设集团有限公司

武汉市汉阳市政建设集团有限公司

计价依据编制审查委员会综合协商组：胡传海　王海宏　吴佐民　王中和　董士波

冯志祥　褚得成　刘中强　龚桂林　薛长立

杨廷珍　汪亚峰　蒋玉翠　汪一江

计价依据编制审查委员会专业咨询组：杨廷珍　汪一江　潘卓强　杜浐阳　庞宗琨

王　梅　高雄映

编制人员：刘中强　朱杰峰　柯经安　潘卓强　彭　博　梅耀辉　张　雪　李　俊

唐汉高　康馨蕊　陈　帆　孙　帆　王　敏　王豫婉　徐梦熊　王书鹏

审查专家：龚桂林　汪亚峰　王兆健　孙　璐　徐佩莹　熊淑芳　徐作民

软件支持单位：成都鹏业软件股份有限公司

软件操作人员：杜　彬　赖勇军　可　伟　孟　涛